普通高等教育"十四五"系列教材

图解金工实习

（第2版）

主　编　郭建斌

副主编　庄曙东　曹宜　陈田

U0281045

中国水利水电出版社
www.waterpub.com.cn
·北京·

内 容 提 要

本书按照金工实习（工程训练）在教学中的基本要求，面向机械类、近机类和非机类工科专业创新人才培育需要，针对科技创新、大学生创训等支撑任务目标，加强对新时代青年的创新观培育，着力培养学生现代化工程素养，启迪学生创新实践技能。全书包括铸造、切削、钳工、现代制造、特种加工、焊接等方面的基础知识、操作规范和示例等内容。

本书可供普通高等院校作为金工实习（工程训练）的教学指导用书，也可供高职高专类院校作为金工实习（工程训练）的教学通识指导用书。

图书在版编目（CIP）数据

图解金工实习 / 郭建斌主编. -- 2版. -- 北京：
中国水利水电出版社，2023.2
普通高等教育"十四五"系列教材
ISBN 978-7-5226-1388-8

Ⅰ. ①图… Ⅱ. ①郭… Ⅲ. ①金属加工—实习—高等
学校—教材 Ⅳ. ①TG-45

中国国家版本馆CIP数据核字(2023)第038988号

书　　名	普通高等教育"十四五"系列教材 **图解金工实习**（第 2 版） TUJIE JINGONG SHIXI
作　　者	主编　郭建斌 副主编　庄曙东　曹　宜　陈　田
出版发行	中国水利水电出版社 （北京市海淀区玉渊潭南路 1 号 D 座　100038） 网址：www.waterpub.com.cn E-mail：sales@mwr.gov.cn 电话：(010) 68545888（营销中心）
经　　售	北京科水图书销售有限公司 电话：(010) 68545874、63202643 全国各地新华书店和相关出版物销售网点
排　　版	中国水利水电出版社微机排版中心
印　　刷	清淞永业（天津）印刷有限公司
规　　格	145mm×210mm　32 开本　2.75 印张　69 千字
版　　次	2019 年 12 月第 1 版第 1 次印刷 2023 年 2 月第 2 版　2023 年 2 月第 1 次印刷
印　　数	0001—3000 册
定　　价	**20.00元**

凡购买我社图书，如有缺页、倒页、脱页的，本社营销中心负责调换
版权所有·侵权必究

本书编写人员

主　编：郭建斌

副主编：庄曙东　曹　宜　陈　田

编　委：郑圣义　刘卫东　夏海南　田瑞娇

　　　　范世祥　牛瑞坤　佟　静　孙　鹏

第2版前言

"金工实习"是教育部《普通高等学校本科专业类教学质量国家标准》规定的核心实践类课程，是机械类、近机类和非机类工程专业高等教育必不可少的教学内容。

从"天问一号"火星车、"天舟二号"货运飞船、"天和"核心舱，到驰骋祖国大地的高铁车组、轰鸣的白鹤滩水电站大机组，以及坐底10058米深马里亚纳海沟的"奋斗号"载人潜水器，除了诉说我国制造技术步履铿锵以外，也极大宣示了我国制造技术正从制造大国向制造强国转变。当前世界正在历经百年未有之大变局，以鲁班、李冰、郭守敬、李仪祉、倪志福、袁隆平、屠呦呦等为代表的"执着专注、精益求精、一丝不苟、追求卓越"的工匠精神，对于凝心聚力建设社会主义现代化强国、实现中华民族伟大复兴，具有十分重要的意义。因此不仅需要培养学生的动手能力，更应从创新思维培育上着眼，让学生在了解传统的机械制造工艺和现代制造技术过程中，培育热爱劳动的优良作风，并融汇"文化自信"的自然科技底韵，实现本课程"创新观"思维塑造的教育教学目标，达到新时代创新观人才培育的切实需要。

本教材采用以图达意的设计路线和立体课本的定位，主要为帮助学生在实习过程中，从细致入微、严丝合缝的"苛求"中零距离体验、求索和实证工匠精神的实质，塑造同学认真求索、严谨进取的精神品格；快速简洁地掌握各种加工方法和工艺；了解大国制造技术的先进加工方法和制造理念。从而促使全体同学为"中国制造"向"中国创造"转变的历程中，勇担历史重任，谋求实现中华民族伟大复兴中国梦。

由于编者水平有限，书中难免有欠妥或错误之处，敬请批评指正。

编 者

2022 年 10 月

第1版前言

"金工实习"是一门实践基础课，是机械类、近机类和非机类工程专业高等教育必不可少的教学实践类课程。该课程不但可以培养学生的动手能力，还可使学生了解传统的机械制造工艺和现代机械制造技术，从而使学生具备热爱劳动的品质和理论联系实际的工作作风，拓展学生的视野，增强创新组织实施能力，是培养学生实践能力的重要途径。

机械制造生产过程实质上是一个资源向产品或零件的转变过程，是一个将大量设备、材料、人力和加工过程等有序结合的一个大的生产系统。短暂的时间不可能使学生完全掌握这一过程，但可使学生了解一些机械制造的一般过程，熟悉机械零件的常用加工方法，并且初步具备选择加工方法、进行加工分析和制定工艺规程的能力，从而让同学们了解机械制造工艺的基础知识，并掌握机械制造的相关技能。培养、提高和加强工程实践能力、创新意识和创新能力，达到提高学生的综合素质的培养目标。最终，满足新时代创新观人才培育的切实需要。

编写本教材，是为帮助学生在进行金工实习时，正确快速简洁地掌握材料的各种加工方法；认识了解各种机械制造工艺；明白毛坯和零件加工的工艺过程；了解当今制造业的先进加工方法和先进制造理念；指导实习操作，获得初步的操作技能；巩固感性知识，为后继的学习和今后的工作打下一定的实践基础。

在本书的编写过程中同时得到陈寿富教授等有关老师的大力支持，特此致谢！

由于编者水平有限，书中难免有欠妥或错误之处，敬请批评指正。

编 者

2019 年 10 月

目　录

第1章

工匠制造与创新观

"金工实习"是一门涉及切削、焊接、铸造、钳工等多种机械加工技术为一体的综合实践课程。

1.1　大国制造技术

（1）C919 国产大飞机送上蓝天，有近 600 万个零件制造、装配的基础工程能力，凝聚了全社会高新技术力量，彰显我国多学科协同水平，是我国自主创新能力和国家核心竞争力的集中体现。

（2）到 2035 年，我国钢结构建筑应用达到中等发达国家水平，钢结构用量达到每年 2.0 亿 t 以上。在钢结构的制造过程中，各种焊接技术大量采用，2008 年北京奥运会主场馆鸟巢的焊缝总长达 320km。

（3）国产航空母舰作为大国重器，仅飞行甲板就有两个足球场大，15层楼房高。设计、制造、装配、操作、维护、检测、作战等方面，更是多系统、高科技以及国家综合实力的集中体现。

从太空到陆地，再到海洋，我国着陆火星的天问一号任务火星车、天舟二号货运飞船、天和核心舱，驰骋祖国大地高铁车组、轰鸣的白鹤滩水电站大机组，以及深入10058米海底的"奋斗者"号载人探海潜水器，无一不在诉说我国制造技术水平的日新月异。

当前世界正在历经百年未有之大变局，无论高端装备、精密仪器等制造技术，我国制造技术步履铿锵，逐渐由制造大国向制造强国转变，并越发成为推动经济社会发展的第一推动力。

1.2　大国工匠

制造技术是发展国民经济、保障国家安全、改善社会民生的重要基石。历经千百年以来，以鲁班、李冰、郭守敬、李仪祉、倪志福、袁隆平、屠呦呦等一批又一批不屈不挠的中国人，即使面临各种艰难险阻，仍然以卓尔不群的技艺、孜孜不倦的钻研精神和坚韧不拔的人格魅力，铸就我们民族不可磨灭的精神脊梁和时代坐标。

（1）李仪祉，我国现代著名水利学家和教育家。1915年他参与创办中国第一所高等水利专门学府南京河海工程专门学校（现河海大学），任教授、教务长，主讲河工学、水文学、大坝设计等水利核心课程，培养了中国第一批水利专门人才。他主张上、中、下游并重兼顾的治理黄河方略，改变了几千年来单纯黄河下游治水思想。

（2）中国工程院院士艾兴，首创融合切削学与陶瓷学于一体的陶瓷刀具研究和设计的理论新体系，先后开发成功6种陶瓷刀具，其中3种属国际首创。

（3）倪志福，新中国著名钳工副国级领导人，刻苦钻研技术，创造性提出并试制了三个尖、七个刃的新钻头结构形式，被世界各国技术人员赞誉为"倪志福"钻和"机械工业金属切削行业的重大革新"。

（4）屠呦呦，第一位获诺贝尔科学奖项的中国本土科学家、现为中国中医科学院首席科学家，终身研究员兼首席研究员，博士生导师，共和国勋章获得者。1972 年成功提取分子式为 $C_{15}H_{22}O_5$ 的无色结晶体青蒿素（一种用于治疗疟疾的药物），挽救了全球特别是发展中国家数百万人的生命。2011 年 9 月，获得拉斯克奖和葛兰素史克中国研发中心"生命科学杰出成就奖"。2015 年 10 月获得诺贝尔生理学或医学奖。

制造业是国民经济的主体，是立国之本、兴国之器、强国之基。从 18 世纪第一次工业革命开始，世界强国兴衰史一再证明，没有强大的制造业，就没有国家的强盛。

1.3 大国重器

我国钢铁、高速公路、高铁、通信基站、造船、航空航天、桥梁、电子等一系列世界第一的制造产能，相伴着这些大国制造重器的问世，核心制造技术更是关乎国家安全与发展全局的命脉。

（1）从最初依靠外国专家才建设完成的第一座跨江大桥——武汉长江大桥，到如今自主设计建设完成港珠澳跨海大桥。

（2）从新中国第一座自主勘测设计建设的新安江水电站，到如今建设完成世界规模最大的水电站——三峡水电站。

（3）从最初阅兵式上"飞机不够，那就飞两遍"的时代，到如今鼎助世界和平的国防力量。

中国的现代化建设进程离不开现代制造技术的发展，我国正处于从制造大国向制造强国、从"中国制造"向"中国创造"转变的关键历史时期。大学生应当勇担历史重任，谋求国家发展。

1.4　课程肩负的重任

"创新是引领发展的第一动力"，是国家竞争力的核心。在实践学习过程中，体验和印证"设计再现"，引导创新思维理念和创新思维发现。

（1）手工制作与创新思维。

（2）数控雕刻与创新思维。

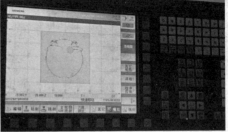

（3）3D打印与创新思维。

（4）激光雕刻与创新思维。

面对日益激烈的国际竞争，我们必须把创新摆在国家发展全局的核心位置，不断推进理论创新、制度创新、科技创新、文化创新等各方面创新，在"文化自信"的历史底韵中增加感性知识，在实操体验中印证获得感，实现本课程创新思维塑造的教育教学根本目标。

第2章

金工实习前准备工作

2.1 金工实习安全教育

2.2 金工实习的意义

金工实习是培养同学们创新、创造能力的有效方法。

2.3 金工实习常用工具

2.3.1 游标卡尺

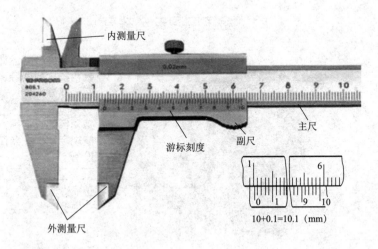

内测量尺

0.02mm

主尺

游标刻度

副尺

外测量尺

10+0.1=10.1（mm）

游标卡尺是比较精密的测量工具，可以测外径、内径、深度。

2.3.2 百（千）分尺

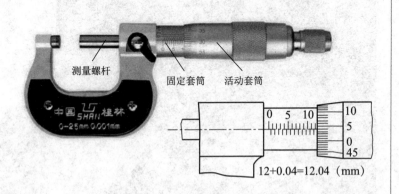

测量螺杆

固定套筒　活动套筒

中国 SHAN 桂林

0-25mm 0.001mm

12+0.04=12.04（mm）

精度 0.01mm 的叫百分尺，精度 0.001mm 的叫千分尺。

2.3.3 其他实习工具（一）

（1）划卡：用来确定轴和孔的中心位置。

（2）百分表：小指针刻度＋大指针刻度 ×0.01 即得到所测量的数值。

（3）划规：用于划圆、量取尺寸和等分线段。

划卡

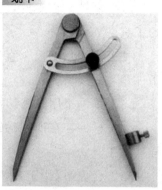

百分表

划规

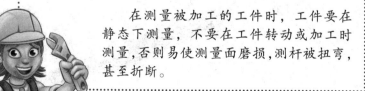

在测量被加工的工件时，工件要在静态下测量，不要在工件转动或加工时测量，否则易使测量面磨损，测杆被扭弯，甚至折断。

2.3.4　其他实习工具（二）

（1）划针：在工件表面划线的工具。

（2）万能角度尺：直接测量工件角或划线。

（3）手锯：用于锯切操作。

（4）样冲：在所划的线上打样冲的工具。

（5）台虎钳：用于夹持工件。

万能角度尺

划针

手锯

台虎钳

钳口

砧台

丝杠

固定螺母

底盘座

样冲

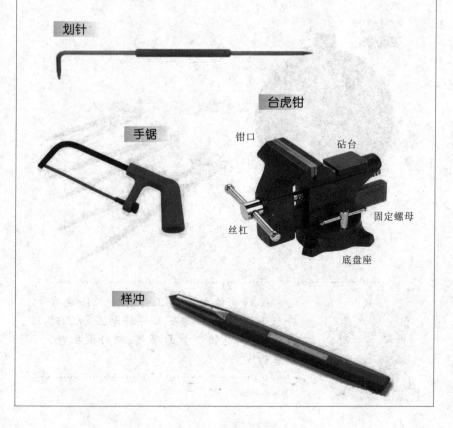

2.4　常见工程材料

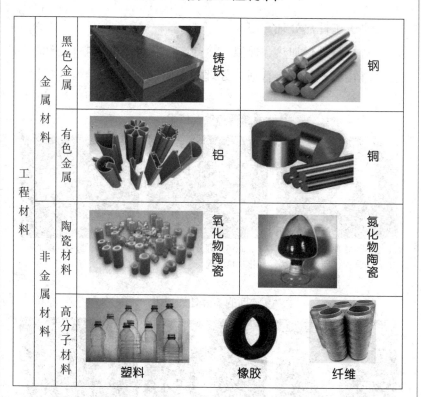

工程材料	金属材料	黑色金属	铸铁	钢
		有色金属	铝	铜
	非金属材料	陶瓷材料	氧化物陶瓷	氮化物陶瓷
		高分子材料	塑料　橡胶　纤维	

2.5　金工实习流程

金工实习是必修实践教学环节，主要完成安全教育、普车、普铣、数铣、测量、特种加工、钳工等实训项目，并提交实习报告就可以结业了。

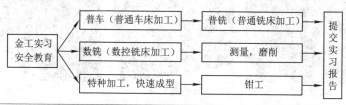

2.6 金工实习工种简介

（1）工件热处理实习。

对材料进行加热、保温、冷却，以获得不同材料性能的工艺。常用处理技术有普通热处理和表面处理技术。

普通热处理技术

整体热处理（退火、正火、淬火、回火等）

表面热处理分为表面淬火和化学热处理

其他热处理（形变热处理等）

常用的表面处理技术

高频淬火

表面覆层覆膜技术气相沉积、涂装等

表面组织转化技术喷丸、滚压、抛光等

抛光处理

转化膜处理

电镀与化学镀

（2）铸造实习。

将融化的金属液体浇注到铸型空腔中，待其冷却凝固后，形成构件的生产方法。较为常见的铸造有砂型铸造、离心铸造、压力铸造等。

浇包中金属液不能超过 80%，浇注工具要干燥，避免接触金属液时飞溅。

不可用身体触及未冷却的铸件。

（3）焊接加工实习。

焊接是通过加热或加压并使用填充材料使焊件永久连接的加工方法。

焊接主要有钎焊、熔化焊、压力焊三种常见形式。

钎焊

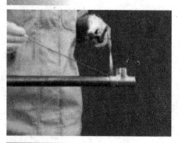

熔化焊

压力焊

（4）切削加工实习。

车削加工

铣削加工

磨削加工

钻削加工

刨削加工

齿形加工

（5）钳工实习。

钳工实习是指通过手持工具对工件进行加工的过程。

安全小贴士：多人共用一台机床时，只能一人操作，严禁两人同时操作，以防意外。加工过程中操作者不能离开机床。

（6）特种加工。

电火花打孔

线切割加工

激光加工

3.1　铸造概述

铸造优点如下：

（1）可制作外形、内腔复杂的毛坯。

（2）原材料来源广泛，还可利用报废的机件或切屑。

（3）工艺设备费用少，成本低。

★铸造广泛用于机床制造、动力、交通运输等设备制造。

3.2　铸造工艺过程及常用工具

（1）制造木模。　　　　（2）型芯和型砂。　　　　（3）手工造型。

（4）常用工具。

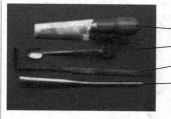

刮刀
压勺
提钩
竹片梗

手工造型操作灵活，是批量生产的重要方法。

型砂要用适合干湿度的河砂、黏土、辅加物和水混合搅拌而成。

3.3　砂型铸造

（1）砂型铸造流程。

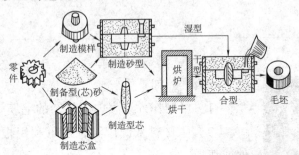

（2）砂型的制造。

型砂紧实后修整成砂型，其中型芯由原砂和黏结剂组成。砂型应具备：①透气性；②强度；③耐火度；④可塑性。型芯要求良好的综合性能。

（3）浇注。

砂型浇筑后的铸件成品完成检验合格后即可入库，不合格者要铸件返修，返修后还不合格者，则回炉重造。

（4）刮砂。　　（5）铸件完成。　　（6）铸件成品。

3.4 铸造两箱分模造型

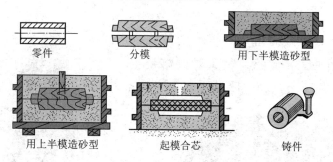

零件　　　　　分模　　　　　用下半模造砂型

用上半模造砂型　　　起模合芯　　　　铸件

（1）两箱造型应用最广，模样可以一次由砂型中取出，操作方便。

（2）挖砂造型适用只能制造整模且分型面又是曲面的情况。

（3）活块造型起模时先取出主体模，再用适当方法取出活块。

3.5 铸造工艺图简介

铸造生产时，应根据铸件的特点、技术要求等画出铸造工艺图。运用红、蓝两色铅笔标注工艺符号。

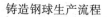

铸造钢球生产流程

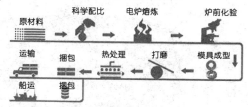

原材料　　科学配比　　电炉熔炼　　炉前化验

运输　　捆包　　热处理　　打磨　　模具成型

船运　　捆包

3.6 铸造技术要点

（1）分模面。模型分开的切面称为分模面。

（2）浇注位置。铸件在铸型中所处的位置称为浇注位置，它对铸件质量影响很大。

3.7 熔炼及浇注

（1）铸铁的熔炼。铸铁的熔炼一般采用冲天炉进行。冲天炉的熔料主要有焦炭、溶剂和金属料等。

冲天炉

铸铁熔炼可用冲天炉。

（2）铸钢及有色金属铸造简介。

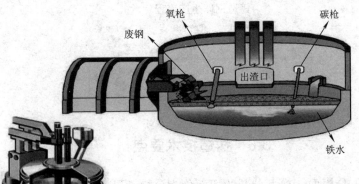

氧枪

废钢

碳枪

出渣口

铁水

电弧炉

铸钢及有色金属铸造，主要采用电弧炉进行。常用有色金属主要有铝、镁、铜等。

3.8 铸件缺陷及质量检测

铸造因为工艺复杂、工序多、投料多等原因，易产生缺陷。

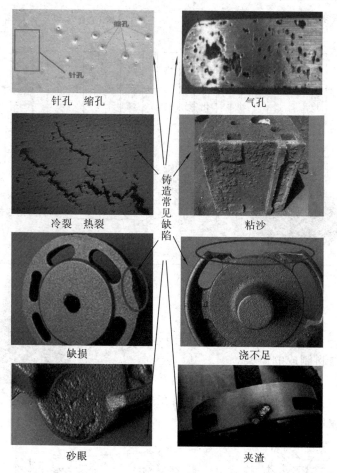

针孔 缩孔

气孔

冷裂 热裂

粘沙

缺损

浇不足

砂眼

夹渣

铸造常见缺陷

铸件的质量检验分为外观检验和内在质量检验。常用检测方法有着色法、超声探伤法等。根据检验结果，分为合格品、返修品和废品。

★检验结果为废品，废品不能投入生产，只能回炉重新熔炼。

3.9 特种铸造简介

（1）熔模铸造。

熔模铸造流程

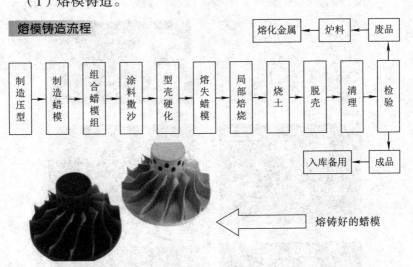

制造压型 → 制造蜡模 → 组合蜡模组 → 涂料撒沙 → 型壳硬化 → 熔失蜡模 → 局部焙烧 → 烧土 → 脱壳 → 清理 → 检验

熔化金属 ← 炉料 ← 废品

入库备用 ← 成品

熔铸好的蜡模

（2）金属型铸造。用铸铁、铸钢等材料制成的铸型。

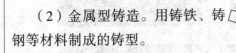

（3）压力铸造。将液态金属在高压下快速填充到金属铸型中。

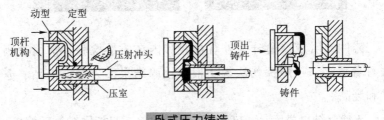

动型　定型

顶杆机构

压射冲头

压室

顶出铸件

铸件

卧式压力铸造

第4章

切削加工实习

4.1 切削概述

切削加工主要有车削、钻削、铣削、刨削、磨削等加工方式。

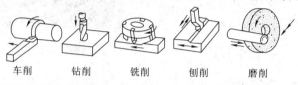

车削　　钻削　　铣削　　刨削　　磨削

4.2 车削加工及基本工件介绍

车削加工就是在车床上利用工件的旋转和刀具的移动来改变工件形状和大小的加工方法。

车端面　　车外圆　　车螺纹

切内槽　　钻孔　　车形成面

（1）车床。

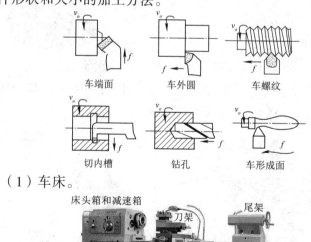

床头箱和减速箱　　刀架　　尾架

床身

进给箱　丝杆　光杆

（2）车刀。车刀可分为外圆车刀、切断刀、螺纹车刀等。

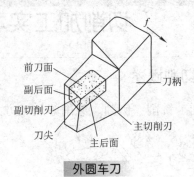

外圆车刀

车刀的刃磨、装夹

未经使用或用钝后的车刀一般采用砂轮机进行刃磨。

（3）工件的安装。

安装要求如下：

1）工件位置要准确。

2）保证装夹稳固。

3）保证工件加工质量和生产效率。

三爪卡盘是应用最广的通用夹具，较长的轴类工件常采用顶尖安装，形状复杂的工件可用花盘安装。

三爪卡盘装夹

花盘安装

顶尖

车床上安的花盘

（4）车削的基本应用。

车端面

车外圆和台阶

滚花

车螺纹

切槽和切断

安全小贴士：高速切削时，要戴好防护镜，防止高速切削飞出的切屑损伤眼睛。

车削加工成品

小知识

21世纪机械工程科学前沿

　　半个世纪以来，我国的机械工程科学得到了很大的发展，学科体系初具规模，在学科前沿、技术创新和工程应用等诸方面取得了突出成就。人形机器人、无人驾驶汽车、南海造岛机械、高速铁路、隐身飞机等一大批现代机械工程成果大量涌现，融合人工智能、精密制造、芯片自动控制和3D-CAD创新设计为特点的机械工程科学呈现巨大生命活力。

4.3 刨削加工

刨削加工指在刨床上用刨刀对工件进行切削加工的方法。

刨平面

刨斜面

刨沟槽

刨削加工的典型零件

（1）刨削加工牛头刨床。

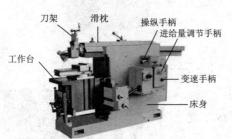

刀架　滑枕　操纵手柄　进给量调节手柄
工作台
变速手柄
床身

插床

（2）其他刨削设备。

龙门刨床

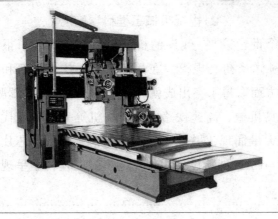

（3）刨削的加工过程。

1）刨刀的安装。

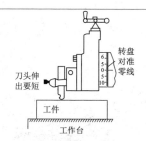

2）工件的安装。刨刀刀杆截面积要比车刀大，刨削较硬的工件时，刨刀刀杆常常做成弓形。

工件的安装常有虎钳安装和工作台安装两种。

3）刨水平面。

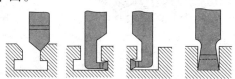

4）刨垂直面。

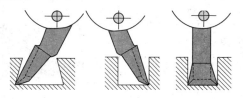

5）刨削斜面。

6）刨沟槽。

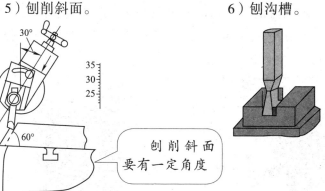

4.4 铣削加工

在铣床上用铣刀对工件进行加工的方法。

万能卧式铣床
（应用最多的铣床）

铣床是用铣刀对工件进行铣削加工的机床。铣床除能铣削平面、沟槽、轮齿、螺纹和花键轴外，还能加工比较复杂的型面，效率较刨床高，在机械制造和修理部门得到广泛应用。

（1）铣削分度头。铣削各种齿轮齿圈、多边形、花键等均采用分度头进行分度。

1）工件安装成合适角度。

2）进行分度。

3）铣螺旋槽时配合工作。

齿轮

分度方法

例：铣削六方时，工件的等分数为 Z，则分度手柄每次转数为 $n=40 \times 1/6$ 分度 $=6 \times 2/3$ 周，此时则可利用分度盘上孔数是 6 的倍数的孔圈，如 14 孔的孔圈。

分度头

铣刀

（2）铣削的基本方法。

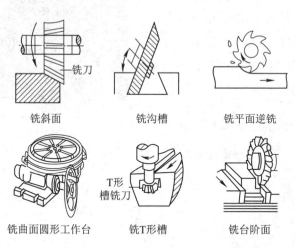

铣斜面　　　　　　　铣沟槽　　　　　　铣平面逆铣

铣曲面圆形工作台　　铣T形槽　　　　　铣台阶面

4.5　磨削加工

磨削加工是利用砂轮作为切削工具，对工件表面进行加工的过程。

（1）磨床。

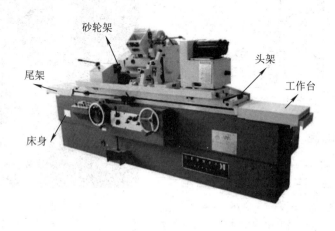

（2）砂轮。砂轮有刚玉类和碳化硅类，应具有一定的刚度和强度。刚玉类韧性好，适于磨削钢料；碳化硅类硬度高，适于磨削铸铁、青铜等脆性材料。

（3）砂轮的安装与修整。

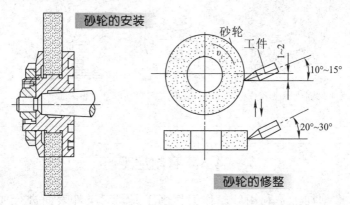

砂轮的安装

砂轮

工件

v_F

1~2

10°~15°

20°~30°

砂轮的修整

（4）磨削的基本方法。

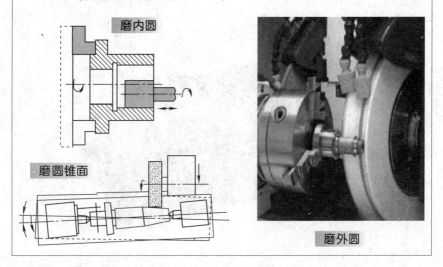

磨内圆

磨圆锥面

磨外圆

5.1　钳工概述

钳工是手持工具对工件进行加工的方法，包括划线、錾削、锯切、锉（刮）削、孔加工、攻丝、套扣等，并进行装配和修理等操作。钳工常用的设备有工作台、台虎钳等。

钳工的工艺特点如下：

（1）工具简单，成本低，材料来源充足。

（2）加工灵活，方便，能够加工复杂要求的零件。

（3）对技术要求水平高。

工作台

台虎钳

5.2　划线

根据图纸要求在毛坯表面划出加工界限的操作。

划线

1）划好线能明确加工余量及加工位置。

2）通过划线检查毛坯的形状尺寸是否符合图纸要求，避免不合格的毛坯投入机械生产。

3）通过划线合理分配加工余量，从而保证少出或不出废品。

（1）划线基准工具。划线的基准工具是划线平板和划线平台。

划线平板和划线平台

锤头、錾子、冲头尾部不准有淬头裂缝或卷边及毛刺，錾切工件时要注意自己和他人不要被切屑击伤。

（2）支承工具。

1）方箱用于夹持小且多面的工件。

2）千斤顶适合大工件，通常用三个千斤顶支承工件。

3）V形铁用于划线支承圆柱形工件。

方箱

V形铁

千斤顶

V形铁支承工件

（3）划线工具。划线工具主要有划针、划规、划卡样冲等。划线时应在工件表面选择基准，一般以孔的轴线，或以加工的平面作为划线基准。

划卡样冲

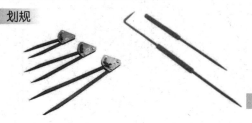

划规

划针

（4）划线方法及步骤。首先研究图纸，确定划线部位和划线基准；检查毛坯是否合格，然后清理毛坯的氧化皮和毛刺；在划线部位涂上一层涂料，铸锻件涂大白浆，对加工面涂品紫或品绿颜料；带孔毛坯用铅块或木块堵孔，最后划线。

5.3 锯切

用手锯锯断材料或在工件上锯出沟槽的操作。

（1）安装锯条强度适宜。

（2）工件应夹持在虎钳左边。

（3）起锯锯条垂直于工件，缓用力。

（4）前进切削时适当施加压力。

（5）锯条应直线往复移动，不左右摆动。

锯切操作

（6）锯切硬材料慢，软材料可快。

5.4 锉削

用锉刀对工件表面加工的切削加工。

手握锉刀的方法

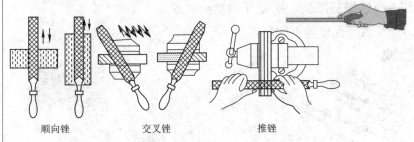

顺向锉   交叉锉   推锉

（1）锉削方法。

1）顺锉法：较小平面锉削。

2）滚锉法：锉削内外圆弧面和内外倒角。

3）交叉锉法：粗锉较大。

4）平面推锉：用于修光。

（2）锉削注意事项。

锉刀必须安装刀柄使用，锉刀不要触碰火钳钳口，不要用手触摸锉刀表面，锉下来的毛屑要用毛刷清理，不要用嘴吹。

5.5 孔加工

台钻：台钻可放置在桌上。钻床除了可以完成钻孔之外，还可以完成扩孔、铰孔、镗孔等操作。

（1）钻孔。

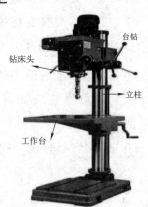

台钻

钻床头

立柱

工作台

麻花钻

（2）扩孔。扩孔是对原有孔扩大孔径的加工方法，可以校正孔轴线偏差。

（3）铰孔。铰孔是对孔进行精加工的方法。

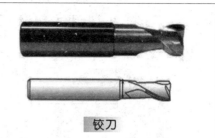

铰刀

扩孔刀

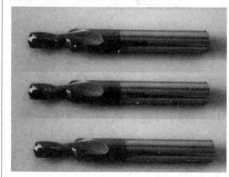

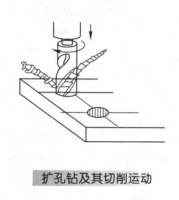

扩孔钻及其切削运动

5.6 攻丝和套扣

攻丝采用丝锥对孔进行螺纹加工。攻丝前需要钻底孔，否则会使丝锥受到挤压而发生崩刃、折断等现象。钻削底孔并对孔口进行倒角；然后用头锥攻螺纹；最后，用二锥精修螺纹。

（1）丝锥。

丝锥

（2）套扣。用板牙加工螺纹的方法俗称套螺纹。

板牙

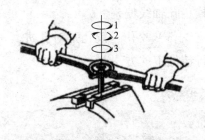

5.7 钳工装配

（1）装配是产品制造环节中的最后过程，对若干零件按装配工艺组装、调整、试验，使之成为合格产品的过程。

（2）装配的组合形式。

装配的组合形式由组件装配、部件装配和总装配等构成。

（3）装配的一般步骤。

1）熟悉图纸及设计要求，了解产品结构、作用及互相关联关系。

2）准备所用的工具，确定装配方法。

3）对装配的零件去污，清理。

4）组件装配，部件装配，总装配。

5）调整，检验，试车。

6）油漆，涂油，装箱。

（4）组件装配举例。

1）普通平键连接。

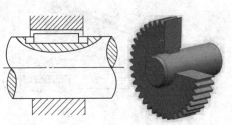

2）滚动轴承装配。

滚动轴承一般由外圈、内圈、滚动体、保持架组成。

3）螺纹及连接。

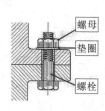

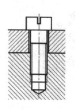
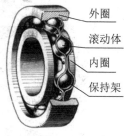

外圈
滚动体
内圈
保持架

安装工艺包括总装配、各种装联、调试、检验和包装等，这些工艺都有它们的特定操作过程，所以产品安装应正确运用各种工艺，并有一个合理顺序的过程。

4）键的装配。

键槽　　　　键槽

键　　　　　轴　平键　　平键连接

5）其他标准件。

弹簧垫圈　　　止动垫圈　　　开口销　　　销钉

（5）注意事项。

1）内螺纹的配合应做到能用手自由旋入。

2）螺钉、螺母端面为防止松动可添加垫圈。

3）装配一组螺钉、螺母时，应该按照顺序拧紧。

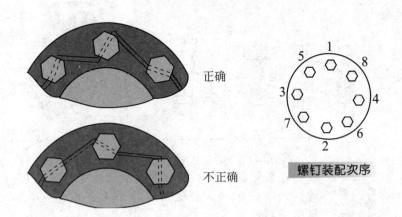

5.8　机械的拆解及修理

（1）机械拆解前，要熟悉图纸。

（2）拆解要按照与装配相反的顺序进行，先内后外的顺序依次进行。

（3）拆解时要记住每个零件原来的位置，注意保存微小零件。

（4）拆解配合过紧的零件，要用专用工具，以免损伤零件。

（5）对于采用螺纹连接或锥度配合的零件，必须辨清方向。

（6）紧固件的防松装置，在拆卸后一般要更换，避免这些零件在装上使用时拆断而造成事故。

（7）螺纹紧固件在工程中可以采用螺纹密封厌氧胶等高分子材料进行密封，从而达到紧固的目的。

第6章

现代制造技术实习

6.1 现代制造技术概述

现代制造技术包括：

（1）超精密加工，微机械制造，特种加工。

（2）信息技术与机械制造相结合，其优点是通过程序控制整个机械制造，提高了产品质量。

6.2 先进制造技术简介

超薄金刚石镜面

金刚石镜面切割

精密，超精密镜面磨削

6.3 CAD、CAE、CAM技术简介

（1）CAD 技术简介。

1）CAD 技术。CAD 进行设计计算，分析及优化，将结果显示在计算机屏幕上，经人工修改后打印成图。

2）CAD 技术特点如下：

CAD 技术具有完善的图形绘制功能以及图形编辑功能。用户可以采用多种方式进行二次开发并且可以进行多种图形格式的转换，拥有较强的数据交换能力。

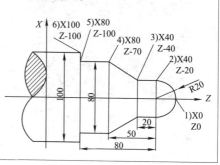

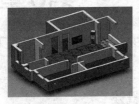

CAD 技术广泛应用于土木建筑、装饰装潢、城市规划、园林设计、电子电路、机械设计、服装鞋帽、航空航天、轻工化工等诸多领域。CAD 技术预计未来将会朝着智能化、集成化方向发展。

CAD 技术

（2）CAE 技术简介。

CAE 技术指在零件数字化建模完成之后运用有限元等数值分析方法，对其未来的工作状态和运行行为等进行分析，及时发现缺陷，优化结构并证实未来产品的可用性和可靠性。

CAE应力图

（3）CAM 技术简介。

CAM 技术是通过与计算机的直接或间接联系管理和控制产品的生产制造过程，目前与 CAD 技术的图像编程是一种全新的编程方法。

CAM技术

6.4 虚拟现实技术

虚拟现实技术特征：自主性，交互性，沉浸感。

虚拟现实技术运用多媒体计算机仿真成特殊环境，体验比现实世界更加丰富的感受。虚拟现实技术能使用户真实地看到环境且能让人感觉到这个环境的存在。

6.5　快速原型技术

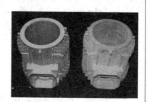

　　快速原型技术也叫生长型制造技术，在 CAD、CAM 的支持下，应用化学反应和固化液体材料相结合，快速制造所要求形状的零部件。

　　（1）快速原型技术。

　　1）立体平板印刷成型。

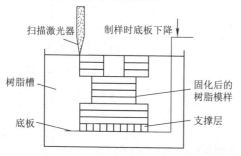

　　2）选择性烧结成型。

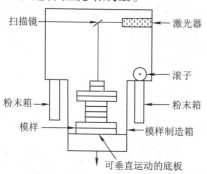

　　（2）快速原型技术的应用及发展。

　　1）快速原型技术制造母模，生产金属或塑料产品。

　　2）制造新产品样品，对其形状及尺寸进行直观评估。

　　3）产品性能的重复性测试与分析。

　　4）在医学上更替移植应用。

第7章

数控加工技术实习

7.1 数控机床概述

将零件加工过程中所需的操作采用数字代码输入计算机或数控系统，控制刀具与工件的相对运动，加工出合格零件的过程，称为数控加工。

数控加工的优点如下：

（1）提高加工精度。

（2）提高生产效率。

（3）加工形状复杂的零件。

（4）减轻劳动强度。

（5）利于生产管理和机械加工自动化。

7.2 数控机床组成及分类

数控机床一般由控制介质、数控装置、伺服系统和机床组成，通过内反馈伺服调节达到消除系统误差的目的。

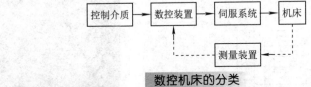

数控机床的分类

一般数控机床

数控机床加工中心

多坐标数控机床

7.3　常用数控机床简介

典型数控车床由主轴箱、刀架、进给传动系统等组成。可切削车内外圆柱面、圆锥面、端面、螺纹等回转体零件。

数控铣床通常是三坐标两轴联动的机床，可加工螺旋槽、叶片等零件。

数控车床　　　　　　　　　　　　　　　　数控铣床

7.4　编程方法

（1）手工编程。

从零件图样分析、工艺处理、数值计算、编写程序单、键盘输入程序等步骤均由人完成，采用 ISO 标准代码编写。

（2）计算机辅助编程。

1）数控语言编程。

自动生成数控加工程序。但直观性差，方法复杂不易掌握且不便进行阶段性检查。

2）图形交互式编程。

利用 CAD 成图，编程效率高，程序合理，工艺性好，可靠性高。

安全小贴士：将零件装卡在夹具上，夹紧时可用接长套筒，禁止用榔头敲打。滑丝的卡爪不准使用。取下工具，放在定置区。

7.5 数控机床坐标系

（1）直线进给和圆周进给运动坐标系。

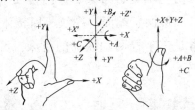

进给坐标系用 X，Y，Z 轴表示，由右手定则决定，是假定工件不动，刀具相对工件运动。若工件移动，则用"′"表示与刀具运动正方向相反。

$+X = -X'$，$+Y = -Y'$，$+Z = -Z'$，

$+A = -A'$，$+B = -B'$，$+C = -C'$。

（2）机床坐标系与工件坐标系。

1）机床坐标系。

机床上固有的坐标系。可确定机床的运动方向和移动距离，工件在机床的位置，机床运动部件的特殊位置以及运动范围。数控机床采用标准笛卡尔直角坐标系。遵从右手法则；Z 轴与主轴方向一致；刀具远离工件的方向为坐标轴正向。

机床原点就是坐标系原点，在机床上是一个固定点，在正式加工前要使各个坐标轴回归到原点。建立坐标系只在开机时作一次，只要不关闭系统，机床坐标系始终有效。

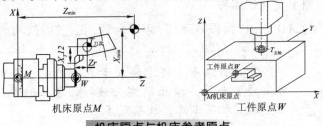

机床原点 M 工件原点 W

机床原点与机床参考原点

2）工件坐标系和编程零点。

工件坐标系以工件设计尺寸建立坐标系，编程零点为人为采用零点，一般取工件坐标系原点。对于形状复杂的零件需编制几个程序或子程序。

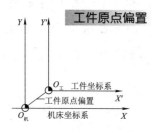

工件原点、机床原点及工件原点偏置的关系。

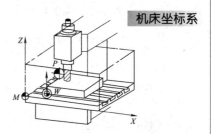

机床坐标系，M 为机床原点，W 为工件原点，P 为编程原点。

7.6　数控加工程序的组成

程序号常用字符"%"。"%0101"＝"101"。程序段都以"N××"开头，用 LF 结束，M02 作为整个程序结束的字符，结束部分 LF 在实际面板上不显示。

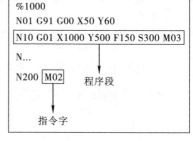

（1）程序段格式。

程序内容书写顺序如下表示，从左往右书写，地址符后应有相应的数字。

程序段号	准备功能	坐标尺寸或规格字			进给功能	主轴速度	刀具功能	辅助功能	程序段结束符
N_	G××	X_Y_Z_ U_V_W_ P_Q_R_ A_B_C_ D_E_	I_J_ K_R_	K_ L_ P_ H_ F_	F_	S_	T_	M××	LF

（2）主程序和子程序。

子程序可以反复调用，大大简化编程过程。

主程序：N01…LF
　　　　N02…LF
　　　　…
　　　　N11 调用子程序指令（子程序1）
　　　　…
　　　　N31调用子程序指令（子程序2）
　　　　…
　　　　N＿＿…　M02　LF

子程序1：N01…LF
　　　　　…
　　　　　N＿＿…返回主程序指令LF
子程序2：N01…LF
　　　　　N＿＿…返回主程序指令LF

M98表示调用子程序。
M99表示子程序结束并返回主程序。

7.7 数控加工常用的功能指令及代码

G 指令为准备功能指令，用来规定刀具和工件相对运动的插补方式等。

（1）G 指令。（部分）从 G00 到 G99 共有 100 种代码。

1）绝对坐标与相对坐标指令 G90，G91。

由 A 点插补到 C 点的程序。

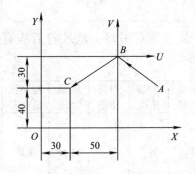

绝对坐标
…
G90
G01　X50　Y70　F80　X30　Y40
…

相对坐标
…
G91
…
G01　X50　Y90　F80　X–50　Y–30
…

AB 和 *BC* 表示两个直线插补程序段运动方向。

2）坐标系设定指令 G92、X20.0、Z30.0。

G92 设定机床坐标系与工件坐标系的关系，确定工件的绝对坐标原点，如下图所示，则可设定程序为 G92、X20.0、Z30.0。

3）平面指令 G17、G18、G19。

笛卡尔直角坐标系三个互相垂直的轴（X，Y，Z）轴构成三个平面（XY，XZ，YZ），数控机床总在 XZ 平面内运动无须设定。

G17 表示在 XY 平面内加工；G18 表示在 XZ 平面内加工；G19 表示在 YZ 平面内加工。

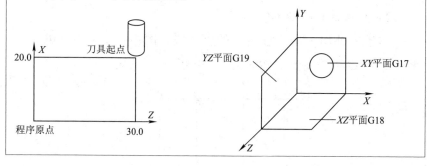

4）原点设置选择指令 G54~G59。工件原点相对机床原点的坐标值。

如图：要使刀具从当前点移动到 A 点，再从 A 点移动到 B 点，可以通过左侧程序实现：

NO1 G54 G00 G90 X40 Z30

NO2 G59

NO3 G00 X30 Z30

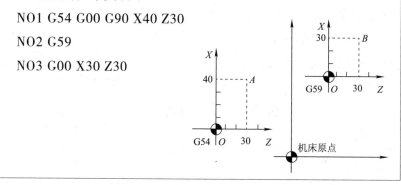

（2）与刀具运动方式有关的 G 指令。

1）快速点定位指令 G00。

G00 使刀具以最快速从当前点移动到指定点。

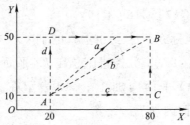

2）直线插补指令 G01。

用于插补加工出任意斜率的直线段，图中，G01 指令可让刀具从 P 点运动至 A 点，然后沿 AB、BO、OA 切削。

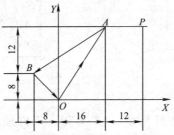

3）圆弧插补指令 G02、G03。

G02、G03 分别用于顺时针和逆时针的圆弧加工，圆弧插补程序中应包括圆弧的顺弧、终点坐标及圆心坐标。格式如下：

其中圆心坐标 I，J，K 一般用圆弧起点指向圆心的矢量 X。

圆弧的顺、逆方向判断。

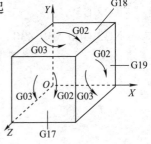

$$\begin{Bmatrix} G17 \\ G18 \\ G19 \end{Bmatrix} \begin{Bmatrix} G02 \\ G03 \end{Bmatrix} X\_Y\_Z\_ \begin{Bmatrix} I\_J\_K\_ \\ R\_ \end{Bmatrix} F\_LF$$

（3）与刀具补偿有关的 G 指令。

1）刀具半径补偿指令 G41、G42、G40。

使用刀具补偿指令。此时只需按零件轮廓编程，而不需考虑刀具半径，大大简化了编程，且可留出加工余量。

G41 为左补刀指令，补偿在工件轮廓的左边顺着刀具前进方向看；G42 为右补刀指令；G40 为注销刀具补偿命令。

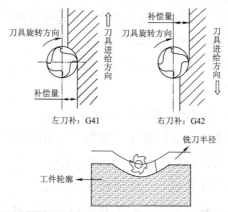

2）刀具长度补偿命令 G43、G44。

刀具长度不同或需进行刀具补偿时用该指令。可让刀具在 Z 方向上的实际位移量大或小于程序给定值。

即：实际位移量 = 程序给定值 + 补偿值

G43 正偏置，即刀具在 +Z 方向进行补偿

G44 负偏置，即刀具在 −Z 方向进行补偿

3）暂停延迟指令 G04。

G04 可让刀具做到短时间的无给进运动，

适用于车削环槽等平面加工。其编写格式为：

G04 β _ _LF

4）固定循环指令。常选用 G80~G89 作为固定循环指令。

（4）M 指令。

M 指令是辅助功能指令，控制机床或系统的命令。如开、停冷却泵，主轴正，反转，程序结束等。从 M00~M99。

1）程序停止命令 M00。

重按启动键可以继续执行后续操作。

2）计划（任选）停止命令 M01。

指令常用于工件关键尺寸的停机抽样检查等情况。

3）程序结束指令 M02、M30。

此指令可让主轴实现进给及冷却全部停止。此时按"启动"键无效。

4）主轴有关指令 M03、M04、M05。

M03 表示主轴正转，M04 表示主轴反转，M05 为主轴停止。

5）与冷却液有关的指令 M07、M08、M09。

M07 为命令 2 号冷却液开或切屑收集器开；

M08 为命令 1 号冷却液（液状）开或切屑收集器开；

M09 为冷却液关闭。

6）换刀指令 M06。

M06 用于手动或自动换刀。

7）运动部件的夹紧和松开指令 M10、M11。

M10 为运动部件夹紧；M11 为运动部件松开。

8）主轴定向停止指令 M19。

主要用于数控坐标铣床，加工中心等。

（5）F、S、T 指令。

F 指令：进给速度指令。

S 指令：主轴转速指令。

T 指令：刀具指令。

7.8 数控机床的操作和使用

（1）CRT-MDI面板由加工型数控车削系统CRT显示屏、MDI键盘组成。

（2）操作界面。

1）CRT显示屏。它主要用来显示各功能画面信息。在显示屏下方有一排功能软键，通过它们可在不同的功能画面之间切换，显示用户需要信息。

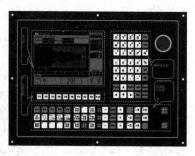

2）MDI键盘。该键盘按键功能同计算机键盘按键功能一致，包括字母键、数字键、编辑键等。下面介绍部分按键功能。

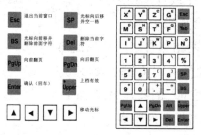

（3）回机床参考点和手动坐标。手动坐标——数控机床在对工件、刀具进行维护时，需手动操作来调整机床对坐标轴的相对位置。

（4）数控机场的对刀与刀具补偿。刀具不同时，补偿值也不一样。

7.9 常用数控机床的编程及应用实例

1）尺寸单位的选择。

格式：G20

G21

说明：G20：英制输入制式

G21：公制输入制式

	线性轴	旋转轴
英制G20	英寸	度
公制G21	毫米	度

2）进给速度单位的设定。

3）线性进给及倒角 G01。

4）螺纹切削。

格式：G94[F]

G95[F]

说明：G94：每分钟进给

G95：每转进给

格式：G01 X_Z_F_

说明：X，Z：线性进给终点

F：合成进给速度

华中世纪星HNC——21T 车削数控装置

倒角：能在两相邻直线间插入倒角

输入 C_，便插入倒角程序段

输入 R_，便插入倒圆程序段

C 表示倒角离拐角的距离

R 后的值表示倒角圆弧的半径

格式：G32 X_Z_R_E_P_F_

说明：X，Z：螺纹终点　　F：螺纹倒程

R，E：螺纹切削退尾量　　　P：主轴转角

注意：G32 只能加工圆柱螺纹、锥螺纹和端面螺纹。

数控铣床 铣削数控常用编程指令。

（1）旋转变换 G68、G69。

格式：G17 G68 X_Y_ P_

　　　G18 G68 X_ Z _P_

　　　G19 G68 X_Y_Z_P_

　　　M98 P_

　　　G69

　　　G68：建立旋转

　　　G69：取消旋转

（2）缩放功能 G50、G51。

格式：G51 X_Y_Z _P_

　　　M98 P_

　　　G50

说明：G51：建立缩放

　　　G50：取消缩放

（3）镜像功能 G24、G25。

格式：G24 X_Y_Z _A_

　　　M98 P

　　　G25 X_Y_Z_A_

说明：G24：建立镜像

　　　G25：取消镜像

应用编程实例

（1）工件毛坯外圆直线轮廓加工。

（2）程序举例。

1）快速点定位 G00 指令。

格式：G00 X (U) _ Z (W)_ ;（X、Z 表示快进终点的绝对坐标；U、W 表示快进终点的相对坐标）

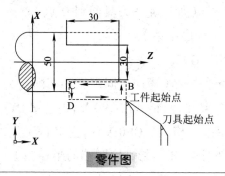

零件图

2）直线插补 G01 指令。

格式：G01 X (U) _ Z (W)_ ；（X、Z 表示快进终点的绝对坐标；U、W 表示快进终点的相对坐标）

外圆直线轮廓加工：01001；　　　（表示程序代号）

T0101；（T 表示调刀，0101 表示第一把刀和第一个刀补）

G00 X100 Z100；（快速定位到 O 点）

X52 Z2；　　（快速定位到 A 点）

M03 S500；　（M03 表示主轴正转，S 表示转数）

X48；　　（每次进给 2mm 向 B 点移动）

G01 Z-30 F0.2；（加工工件用 G01 插补，F 表示进给速度，加工至 C 点）

X52；　　（移动至 D 点）

G00 Z2；　　（快速回到 A 点，完成一个循环）

X46；　　（再次进给 2mm）

……

……

直到　X30；

G01 Z-30；

X52；

G00 Z2；

X100 Z100；　（加工完毕刀具回到 O 点）

M30；　　（程序结束）

也可以用指令 G90。

功能：外径、内径（横向）固定循环切削。

1）直线圆柱切削　　格式：G90 X (U)___Z (W)___F___ ；

2）圆锥切削　　格式：G90 X (U)___Z (W)___R___ F___。

（注：格式中的字符 R 是指锥度两端的半径差）

第8章

特种加工实习

8.1 特种加工

将电、磁、声、光、化学等能量，施加在工件的被加工部位，从而实现材料被去除、变形、改性或镀覆等功能的非传统加工方法，称为特种加工。

特种加工特点如下：

（1）适应性强，加工范围广。

（2）多数特种加工不需工具，工具材料的硬度可低于工件材料的硬度。

（3）可在加工过程中实现能量转换或组合。

（4）可获得较低的表面粗糙度，尺寸稳定性好。

（5）两种及以上不同能量可相互组合成新复合加工。

8.2 电火花加工

电火花加工是利用脉冲放电局部瞬时产生的高温去除腐蚀金属的加工方法。

（1）电火花加工的优缺点。

1）适合于难切割的材料。

2）可以加工许多特殊和复杂形状的零件。

3）便于实现自动化。

4）限于加工金属导电材料。

5）加工速度较慢。

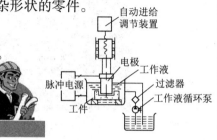

（2）工具电极。

1）电极常选用优质高碳钢。

2）电极设计除表面粗糙度及尺寸精度需满足要求，电极也可适当加长。

3）电极制造一般普通机械加工，再成型磨削。

（3）电极的设计和制造。

1）工件的准备。

电火花加工前，工件（凹模）型孔要加工预孔，并留适当电火花加工余量。单边余量以 0.3~1.5mm 为宜，形状复杂的型孔，余量要适当加大。

型腔模的电火花
加工单电极平动

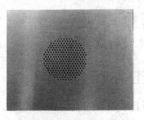

小孔电火花加工

2）小孔电火花加工。

小孔加工特点：加工面积小，深度大，直径为 ϕ 0.05~2mm，深径比达 20：1 以上，但小孔加工排屑困难。

3）异形小孔电火花加工。

异形小孔电火花加工

8.3　电火花线切割加工

电火花线切割加工是用线状电极靠火花放电对工件的切割。

（1）基本原理。利用移动的细金属导线作为电极，对工件进行脉冲火花放电，切割成形。

电火花切割机床分为：①高速走丝电火花；②切割机床。

电火花切割原理

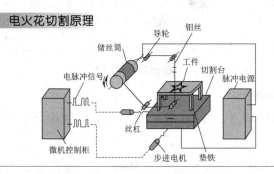

（2）电火花线切割加工的应用。

1）加工各种模具。

2）加工成形工件。

3）加工微细孔、槽、细缝等品种多、数量少、难加工的微型零件。

4）各种稀有、贵重金属材料和难加工金属材料的加工和切割。

5）电火花切割加工方法适合加工各种直线组成的直纹曲面。

6）同时切割凸凹模。

电火花线切割

电火花切割精美成品

（3）电火花切割加工设备。

工作液循环系统　　　　机床　　　　脉冲电源

8.4　其他特种加工

（1）激光加工。

利用透镜聚焦后光的高能量密度，靠光热效应来加工各种材料的方法。

1）基本原理。强度高能产生 10000℃以上高温，可在瞬间让不可分解的材料熔化、蒸发、气化而达到加工目的。

2）激光加工的特点。

a. 激光加工不需要加工工具。

b. 激光的功率密度高。

c. 可透过惰性气体对工件加工。

d. 易于导向、聚焦和发散。

e. 激光对人体有害，需采取防护措施。

激光束打孔

3）激光加工工艺及应用。

a. 激光束打孔。

b. 激光束切割。

c. 激光束焊接。

d. 激光强化。

激光焊接　　　　激光切割

（2）电子束加工。

1）电子束加工的特点。价格昂贵；不产生宏观应力和变形；生产效率高；真空进行加工，污染小。

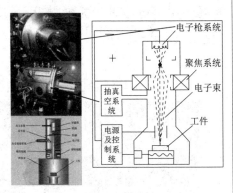

2）电子束加工应用。高速打孔；加工型孔；加工特殊表面；刻蚀；焊接；热处理。

3）电子束加工装置。电子枪；抽真空系统；聚焦系统；电源及控制系统。

（3）超声加工。

1）超声加工的特点。适合加工脆硬且不导电的非金属；操作维修方便；工件表面切削力，切削热及引起变形和烧伤小，表面粗糙度好。

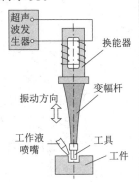

2）超声加工的应用。成形加工；切割加工；焊接加工；超声清洗。

（4）电解加工。

电解加工主要包括电铸、电镀、电化学抛光、电极磨削等加工方法。其主要应用于表面加工。

电解加工具有加工效率高的优点，同时对技术有更高的要求，并且电解液回收困难，所以应用范围较小。

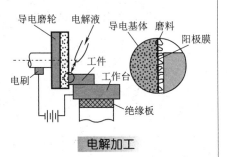

电解加工

第9章

金属焊接加工

焊接通过加热或加压形成原子间结合实现永久连接的一种方式。

熔化焊

钎焊

压力焊

9.1　焊接优缺点

（1）连接性能好。

（2）焊接结构刚度大，整体性好。

（3）焊接方法种类多，焊接工艺适应性广。

（4）容易造成接头部位材性改变，影响

结构件质量。

焊缝

（5）容易产生应力集中，造成结构承载能力降低。

9.2　手工电弧焊

电弧作热源用手工操作焊条进行的电弧焊称为手工电弧焊。

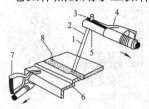

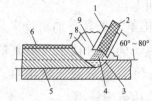

1—焊条；2—药皮；3—焊条夹持端；4—绝缘手把；
5—焊钳；6—焊件；7—地线夹头；8—焊缝

1—药皮；2—焊芯；3—焊缝弧坑；4—电弧；5—热影响区；
6—熔渣；7—熔池；8—保护气体；9—焊条端部喇叭口

焊接电弧

电焊机

焊芯（熔化电极）

手工电弧焊

9.2.1　焊条的型号及牌号

　　以酸性焊条 E4303 为例，E4303 是国家标准型号，E 是电焊条，43 表示抗拉强度不低于 430MPa，0 表示适合全位置焊接，3 表示钛钙型药皮。J422 为牌号，J 表示结构钢焊条，42 表示抗拉强度，2 表示钛钙型药皮，交直流两用。

电焊条的分类

焊条类型	牌号符号	焊条类型	牌号符号
结构钢焊条 耐热钢焊条 低温钢焊条 不锈钢焊条 堆焊焊条	J（结） R（热） W（温） G（铬） A（奥） D（堆）	铸铁焊条 镍及镍合金焊条 铜及铜合金焊条 铝及铝合金焊条 特殊用途焊条	Z（铸） Ni（镍） T（铜） L（铝） TS（特）

9.2.2 焊接坡口

9.2.2.1 表征坡口形式及尺寸的参数

（1）什么是坡口

焊接前，将工件的待焊端部加工成一定形状，组对后形成的沟槽称为坡口。

（2）开坡口的目的

开坡口的主要目的是实现完全熔透。此外还可调整焊缝成分及性能、改善结晶条件，提高接头性能。

（3）表征坡口几何形状及尺寸参数

根部间隙、钝边、坡口角度、坡口面角度、U 形根部半径等，如图所示。

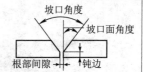

9.2.2.2 焊接坡口形式

（1）对接接头

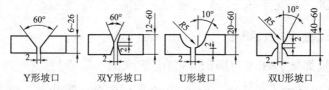

Y形坡口　　双Y形坡口　　U形坡口　　双U形坡口

（2）角接接头

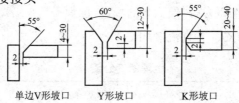

单边V形坡口　　Y形坡口　　K形坡口

（3）T形接头

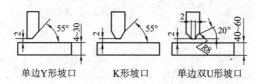

单边Y形坡口　　K形坡口　　单边双U形坡口

9.2.3　焊接方式与特点

（1）平焊。

1）熔焊金属主要依靠自重向熔池
过渡。

2）熔池形状和熔池金属容易保持、
控制。

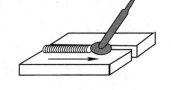

3）焊接同样板厚的金属，平焊位
置的焊接电流比其他焊接位置的电流大，生产效率高。

4）熔渣和熔池容易出现混搅现象，特别是焊接平角焊缝时，
熔渣容易超前而形成夹渣。

5）焊接参数和操作不当时，易形成焊瘤、咬边、焊接变形
等缺陷。

6）单面焊背面自由成型时，第一道焊缝容易产生焊透程序
不均、背面成型不良等形象。

（2）立焊。

1）熔池金属与熔渣因自重下坠，容易
分离。

2）熔池温度过高时，熔池金属易下淌
形成焊瘤、咬边、夹渣等缺陷，焊缝不平整。

3）T型接头焊缝的根部容易焊不透。

4）熔透程度容易掌握。

5）焊接生产率较平焊低。

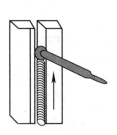

（3）横焊。

1）熔化金属因自重易下坠于坡口上，
造成上侧产生咬边缺陷，下侧形成泪滴形
焊瘤或未焊透缺陷。

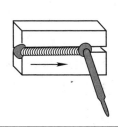

2）熔化金属与熔渣易分离，略似立焊。

（4）仰焊。

1）熔化金属因重力作用而下坠，熔
池形状和大小不宜控制。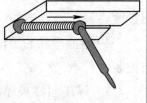

2）运条困难，表面容易焊得不平整。

3）易出现夹渣、未焊透、焊瘤及焊
缝成型不良等缺陷。

4）融化的焊缝金属飞溅扩散，容易造成烫伤事故。

5）仰焊比其他位置焊效率都低。

9.2.4　焊接工艺参数

（1）焊条直径。立焊、横焊、仰焊选用细焊条，多层焊底层
选用小直径焊条保证焊透。中间覆盖层可用大直径焊条提高效率。

（2）焊接电流。可用经验公式 $I=(30{\sim}50)\times D$ 来确定，I 为电流、
D 为直径。

9.2.5　焊接操作

（1）引弧。将焊条在焊件上轻敲，迅速将焊条提起 2~4mm，
电弧即被引燃。

（2）堆平焊波。在平焊位置和焊板焊件上堆焊操作。焊接收
尾时，要先填满弧坑后，再熄弧。

9.3　气焊

利用可燃和助燃气体混合燃烧产生高温作为热源的焊接方法。
气焊易于控制、操作灵活，适合野外工作。最常用的气焊为氧乙
炔焊接。

（1）气焊设备：喷射式焊炬。

（2）气焊火焰。气焊火焰由焰芯、内焰、外焰组成。

中性焰

碳化焰

氧化焰

焊炬调整火焰

操作中若发现乙炔和氧气压力或流量发生变化，不能满足工作要求需作调整时，必须停焊，熄灭火焰，待处理后重新点火。

（3）气焊操作。

1）焊前检查气焊枪性能和输气密封性。

2）先开乙炔，点燃后再慢慢增大氧气浓度，火焰由长变短，形成中性焰。

3）带好防护罩，找准焊点进行焊接、切割等操作。

4）停止使用时先关乙炔，再关闭氧气阀门。

（4）焊丝与焊剂。

作为填充金属，常用牌号为 H08 等

焊丝

助溶剂保护熔池金属，增加流动性

焊剂

9.4 其他焊接方法

（1）埋弧自动焊。用机械自动引燃电弧控制完成焊丝送进的电弧焊方法。

埋弧自动焊小车

氩弧焊

电阻焊

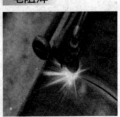

（2）气体保护焊（焊丝作为电极，外加气体作电弧介质的电弧焊叫气体保护焊）。CO_2焊成本低、生产率高、变形小、操作灵活，广泛适用于各类钢结构构件。氩气作为保护气的电弧焊，其焊接时电弧稳定，焊接质量高一般用于有色金属和重要的结构。

（3）先进焊接。

先进焊接主要通过数控技术与高温发生器实现材料的焊接。主要有等离子弧焊、电子束焊和激光焊等。

1）新能源研究开发和工程对新材料新结构的制造。

2）焊接质量及生产率要求高的重要焊接结构。

3）节材、节能要求的焊接制造。

等离子弧焊

电子束焊

激光焊

9.5 焊接质量分析

（1）焊接变形（焊接时，工件局部受热不均匀，导致材料的不均匀膨胀和收缩，焊件产生应力导致变形）。对已产生变形的构件，可以采取机械矫正和火焰矫正两种。

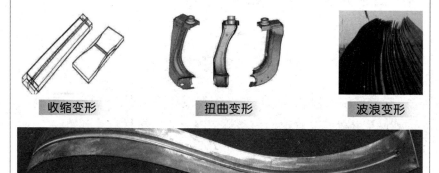

收缩变形　　　扭曲变形　　　波浪变形

弯曲变形

（2）焊接缺陷。焊接时因工艺不合理或操作不当，会在焊接接头处产生缺陷。

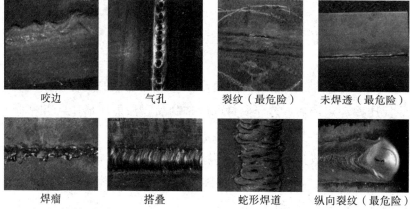

咬边　　　气孔　　　裂纹（最危险）　　未焊透（最危险）

焊瘤　　　搭叠　　　蛇形焊道　　纵向裂纹（最危险）

（3）焊接检验。

1）外观检验。肉眼观察是否存在缺陷以及外观是否合格。

2）致密性检验。加压流体，检查密封的容器或管道。

3）无损检验。采用超声波探伤或 X 射线拍照，检查焊缝内部是否有缺陷。

第10章

非金属材料加工

10.1　非金属材料加工

随着经济发展和技术进步，工程设计要求有高强度、质量轻、耐腐蚀、耐高低温有弹性的材料，因此非金属材料受到重视。

10.2　塑料成形

塑料制品生产过程为：成形加工→机械加工→修饰→装配。

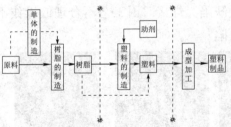

（1）注射成形。熔化的塑料高压注入温度低的闭合模具内腔，经保压冷却定形后，打开模具取出塑制品。注射成形生产效率高，产品品质好，容易实现自动化，加工适应性强。

（2）挤出成形。颗粒状塑料熔融在旋转推力作用下经机头口模与截面相连，冷却后形成塑料型材。挤出成形生产过程连续、高效，生产工艺范围广。

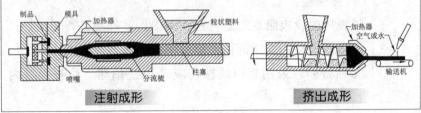

（3）压缩成形。通过加压熔融塑料颗粒，生产塑料构件。

（4）吹塑成形。吹塑成形适用于热塑性材料的成形。塑料熔化后放入开式模中并压缩进空气冷却后，即可得到中空塑料制品。

10.3　橡胶制品成形

橡胶制品成形流程为：生胶塑炼→橡胶混炼→模压处理→硫化处理。

第11章

虚拟现实技术与金工实习

11.1 虚拟现实技术

1. 什么是虚拟现实技术

虚拟现实技术（简称VR），是指采用以计算机技术为核心的现代高新技术，生成逼真的视觉、听觉、触觉为一体化的虚拟环境，参与者以自然的方式与虚拟环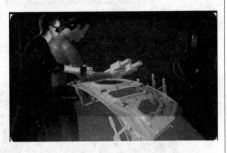境中的物体进行交互，从而获得等同真实环境的感受和体验。

2. 虚拟现实技术的特性

虚拟现实具有三个重要特征，分别是沉浸感、交互性和构想性，常被称为虚拟现实的3I特征。

3.VR设备

把手机放到头盔里面连接上VR设备，所有的运算都在手机中进行，设备本身只起到显示的作用。

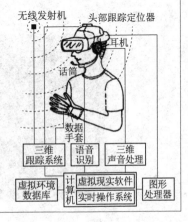

一体机 VR 设备拥有独立的处理器以及独立运算能力。不需要额外准备外接的设备，整合了显示画面和追踪所需的硬件设备。

 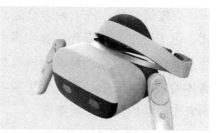

11.2 技术应用

（1）娱乐。由虚拟现实技术与影视内容的结合建立的第一现场的 9D–VR 体验馆得以实现。

（2）设计与规划。虚拟现实技术把室内结构、房屋外形、内饰布局等立体表现出来，使之变成可以预见的物体和环境。

（3）数字孪生。物联网与数字化的数字孪生技术实现了真实世界与虚拟现实的数据信息和交融，通过可视化手段解决了数字化应用架构，实现管理工具统一、认知效率提高、全景分析的新局面。

11.3　金工实习

后疫情时代，线上教学已经成为高等教育常见的一种教学方式。由于金工实习课程实操实做的特点，PPT教案、录播等传统线上教学模式很难满足课程教育教学的需求。把虚拟现实技术的高体验性和沉浸感，融入金工实习实操实做的全过程，是课程面向未来教学的可作为新赛道。

（1）虚拟现实焊接技术，通过焊接仿真与VR视学相融合，提高从业人员学习效率、降低学习成本、减少焊接经验不足带来的安全危险。

（2）虚拟加工系统，是整合虚拟现实及机床的制造系统，在制造和生产中，通过虚拟现实系统环境仿真其特性、误差，并进行生产。

即使VR技术前景较为广阔，但作为一项高速发展的科学技术，其自身的问题也随之渐渐浮现，例如产品回报稳定性的问题、用户视觉体验问题等。对于VR企业而言，如何突破目前VR发展的瓶颈，让VR技术成为主流仍是亟待解决的问题。

金工实习报告（样本）

专业/班级：

姓　　名：

学　　号：

指导教师：

报告日期：　　年　月　　日

实习报告提交说明

实习报告是完成金工实习工作的终极考核任务，应根据掌握的知识、技能及实训经验认真完成，并采用 A4 纸手写独立完成。禁止抄袭、剽窃拷贝，否则按实践环节不通过处理。

实习报告由五部分构成，请参照附录样本的格式组织完成整体结构见下图。请在规定时间内上交。

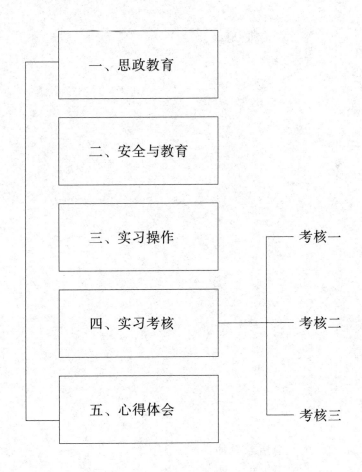

一、思政教育

（要求：不少于500字，肩负"大国制造、大国匠心、大国重器"的重托，我们可以的作为）

二、安全与教育

（要求：不少于500字，安全教育内容）

三、实习操作

（要求：分类别写出实习操作的经验与过程记录，幅面不够另加）

（1）钳工；（2）普车；（3）数铣；（4）铸造；（5）特种加工；（6）其他。

四、实习考核

实习考核由"考核一""考核二"与"考核三"三部分构成，请结合相关要求完成相应定向考核任务。

（一）考核一

要求：按学号的尾数，在报告纸上选择对应题进行考核。
　　　　学号 ×××A　完成：第 A、第 1A、第 2A、第 3A 题；
　　　　学号 ×××0　完成：第 10、第 20、第 30、第 40 题。

1. 机械加工中，常见的冷加工、热加工，通常指的是什么？

2. 金属材料中，黑色、有色金属指什么？钢和铁有什么不同？钢材中普通、优质、高级优质碳素钢之间有什么不同？什么叫合金钢，有哪些？低碳、中碳、高碳钢，在焊接施焊过程有什么现象？为什么？

3. 我国钢牌号有哪些？ Q-255-AF、45#、50Mn、10b、T8Mn、Dw470G、1CR18Ni9Ti、18Mn 是什么钢材？

4. 铸造加工有什么特点？铸造砂的成分有哪些？配比一般是多少？

5. 铸造砂型浇注位置有什么原则？拔模、浇注、结构形状、热处理有哪些工艺要求？

6. 焊接热加工的工作原理是什么？其工作电压是高压吗？

7. 什么是正接和反接？说明其用途。

8. 焊条药皮、药芯如何保护电弧焊？说明焊条代号 E5015，J422，J507 中各符号表示什么。

9. 常见焊接变形有哪几种？

10. 什么是切削加工？分为哪两类？依据什么对切削加工进行分类？

11. 试分析车、钻、铣、刨、磨几种常用加工方法的主运动和进给运动，并分析运动件（工件或刀具）及运动形式（转动或移动）的工作特性。铣、刨、车、磨等加工的工作原理和加工特点都有哪些？有哪些异同？

12. 什么是切削用量三要素？试用简图表示刨削平面和钻孔的切削用量三要素。

13. 普通外圆车刀切削部分由哪些元素构成？

14. 普通外圆车刀切削部分有哪几个主要角度？是如何测量的？它们的取值范围如何？

15. 刀具材料应具备哪些性能？常用的刀具材料有哪几种？

16. 常用的量具有哪几种？试合理选择下列零件表面尺寸的量具：

1）锻件外圆 $\phi100$；

2）铸件铸出孔 $\phi80$；

3）车削后轴外圆 $\phi50 \pm 0.2$；

4）磨削后轴件外圆 $\phi30 \pm 0.03$。

17. 游标卡尺和百分尺测量准确度是多少？怎样正确使用？能否测量铸件毛坯？

18. 车削加工主要用于加工哪些表面？加工不同的表面各用什么刀具？

19. 车床的主要组成部分是哪些？它们各有什么功用？车床主轴的转速是否就是切削速度？

20. 什么样的工件适宜用顶尖安装？为什么要在工件上加工中心孔？

21. 什么是钻孔？什么是镗孔？它们各有什么工艺特点？

22. 车削圆锥面的方法有哪些？各有什么特点和用途？

23. 刨削加工主要用于加工哪些表面？加工质量和切削效率

如何？

24. 刨削平面、斜面和沟槽时在工艺上有什么不同？

25. 铣削加工可以加工哪些表面？加工质量和切削效率如何？常见铣刀有哪些？主要用于什么加工？

26. 如何铣削台阶面？详细列出所加工实习件的工艺内容。

27. 磨削适宜加工哪些工件？磨削加工的精度和表面粗糙度Ra值可达多少？

28. 钳工划线的作用是什么？什么叫划线基准？如何选择划线基准？

29. 怎样选择锯条？起锯时和锯切时的操作要领是什么？

30. 怎样选择粗、细锉刀？平面锉削有哪几种方法？各适用于何种场合？

31. 如何检验锉后工作的平面度和垂直度？

32. 如何确定攻丝前底孔的直径和深度？对脆性材料和塑性材料，为何应用不同的经验公式？

33. 攻丝和套扣时，为什么要经常反转？

34. 简述 CAM 的特点。图形交互式自动编程的含义是什么？

35. 数控机床主要由哪几部分组成？各部分的基本功能是什么？

36. 常用的数控机床有哪几类？它们分别应用于哪类零件的加工？大致工作过程是怎样的？

37. 数控编程方法有几种？在什么情况下需要借助计算机辅助编程？

38. 何为刀具半径补偿？何为刀具长度补偿？

39. 确定机床坐标系有哪些原则？确定的一般方法是什么？

40. 什么叫机床原点？什么叫工件原点？它们之间有何关系？

（二）考核二

要求：学号尾号 0～4 号完成第 41～44 题；5～9 号完成第 44～47 题。

41. 程序段格式有哪些？什么是准备功能指令和辅助功能指令？它们的作用如何？

42. M00、M02、M30 的区别是什么？剪裁下教材中的数控机床。

43. 为什么在编程时要先确定对刀点的位置？选定对刀点的原则是什么？确定对刀点的方法有哪些？

44. 根据实习所学知识，从所用机床、所用刀具特点、加工范围、加工精度、切削实质四个方面，列表比较车削、刨削、磨削、铣削、锉削五种机械加工方法。

45. 典型的浇注系统由哪四部分组成？各有何作用？

46. 结合实习所学，论述现代加工方式和传统加工方式的各自特点和联系。

47. 写出图示工件在数控铣床加工的加工程序（以绝对坐标形式编程）。

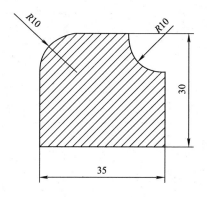

（三）交互贴图任务

找到相应图片并贴到"交互贴图任务区"

学号尾位									
×××1	×××2	×××3	×××4	×××5	×××6	×××7	×××8	×××9	×××0
热处理图片3张	金属材料图片4张	黑色金属材料铸铁和钢的图片2张	砂型铸造流程图片1张	熔化焊和压力焊图片2张	切削加工实习图片6张选3张	特种加工图片2张	刮砂与浇注图片2张	冲天炉与电弧炉图片2张	卧式压力铸造图片1张
第四章外圆车刀图片1张	第四章应用最广的通用夹具图片1张	第四章外圆车刀图片1张	第四章车削基本方法图片5张选3张	龙门刨床和插床图片2张	万能卧式铣床图片1张	分度头与铣刀图片2张	磨床图片1张	砂轮安装与修整图片2张	磨削的基本方法图片3张
第五章工作台图片1张	第五章台虎钳图片1张	划规与划针图片2张	扩孔刀图片1张	第六章CAE应力图片1张	数控车床图片1张	数控铣床图片1张	第七章机床坐标系图片1张	电火花切割原理图片1张	工作液循环系统图片1张
激光焊接图片1张				电解加工图片1张					
焊缝图片1张				电子束焊和激光焊图片2张					
对接接头焊缝坡口图片 角接接头焊缝坡口图片				对接接头焊缝坡口图片 T型接头焊缝坡口图片					

五、心得体会

（要求：500～800字）